クルマの運転新常識

ブレーキとアクセルの踏み間違いはなぜ起こるのか

温室村ふじ
ONSHITSUMURA FUJI

幻冬舎MC

クルマの運転新常識

ブレーキとアクセルの踏み間違いはなぜ起こるのか

はじめに

初めて私がクルマの免許を取ったのは昭和46年でした。その頃は今のように「高齢者の運転が危ない」などとニュースで言われることはありませんでした。ところが今は、「高齢者の運転は危ない」「75歳を過ぎたら免許証を返納させろ」という話をよく耳にします。本当にそうでしょうか。昭和46年の頃にも当然高齢者はいたはずで、実際に私もこの目で見てきました。

また、その頃の高齢者はのんびりと運転をしていました。ところが今は違います。高齢者の運転を見ていると何かビクビクしているように見えます。この違いは何なのでしょうか。

46年の頃のクルマにはクラッチが付いていて、特に坂道発進などは非常に技術を要しました。ところが今のクルマは大半がオートマチックで、エンジンのスイッチを入れてアクセルを踏めば、誰でも簡単に発進できます。その上自動車メーカーは、初速のスピードを競って「ゼロ一〇〇キロ」とか「ゼロヨン」などと銘うって、販売に血眼になっています。

これでいいのでしょうか。クルマというものは、誰でも安全に乗れるものでなくてはいけません。自動車メーカーはそのあたりの認識を間違っていると思います。そしてその誤りが、高齢者がコンビニに突っこんでしまうとか、本人が少ししか踏んでいないと思ってもクルマの方は瞬時に前進、後進をしてしまうことの原因ではないかと思います。クルマは、速ければいいというものではないのです。

これは他の製品にも言えることです。たとえば、百円ライターの場合がそうです。以前は誰でも軽い力で火を付けることができましたが、あるとき、子供が車内でライターを使って遊んでいたら可燃物に火が付いてクルマが全焼、子供が死亡したという痛ましい事故が起きてしまいました。それ以来ライターは力を入れないと火が付かないという構造に変わりました。

また、カミソリもそうです。以前のカミソリは理髪店で使っているような、刀のように一直線のカミソリでした。ところが今のカミソリはT字形になっていて少し切れ味が落ちています。どんなに急いでヒゲをそっていても、前のように間違って切ってしまうということがありません。これも、製品の改良によって事故を未然に防いだ例です。

また、少し前のテレビ番組で、新潟県の洋食器メーカーが、「食事のときに使うナイフは切れすぎてはいけない」と言っていました。この放送を観て私は納得しました。ナイフだからといって、切れ味が良い製品＝良い製品とはならないのです。

不便さの便利。このことが、クルマでも言えます。今のクルマは、アクセルを少しさわっただけで猛然と発進します。クルマも、新潟の洋食器メーカーに倣って、足に力を入れないとアクセルが作動しないように改良するべきだと思います。そうすることで、高齢者でも安全に運転することができます。

今のクルマのアクセルは、あまりにも軽すぎるのです。

本書は、2020年に講談社エディトリアルより出版した『運転歴32年タクシードライバーの運転漢方薬』を一部加筆修正した作品です。今回は、悲惨な自動車事故のニュースを目にするたびに感じていたこと、今のクルマに対する思いを、より強く筆に込めて原稿を書きました。

運転のプロとして、運転の知恵やテクニックを伝えると同時に、痛ましい事故が絶えない今の世の中に一筋の光を差すことができたら幸いです。

もくじ

第二章　みんなに知ってほしいプロの運転テクニック

第三章　今のクルマについて考えること

第一章　クルマを運転するときの心構え

クルマを運転するときは……

朝起きて、1杯のコーヒーを飲んだときのようなゆったりした気持ちで運転しましょう。

こんなことを言われて、「何を言っているんだ」「当たり前だろ」と思った人は多いかもしれません。もし、そう思ったのなら、自分自身の行動を改めて振り返ってみてください。

「いつも朝は慌てて余裕がないな」

「なんだかイライラしているな」

「ゆったりとした気持ちからはほど遠い状態かもしれない……」

こう思い当たる人は少なくないはずです。

まず大切なことは、自分が慌ただしい状態のまま余裕なくクルマを運転していることを認識することです。毎日が忙しいと、自分が余裕を失っていることに気づくことすら難しいですから、可能な範囲で意識的に落ち着く時間をつくるのです。

心の状態が安定しないままクルマを運転すれば、ちょっとしたことに腹を立てたり、運転が荒くなったりします。そうなれば、事故の可能性が増えることがあっても減ることはありません。

クルマを運転する前に意識的に「ほっ」とできる時間をつくることは、自分を守るだけでなく、周りの人を守るためにも、とても大切なことです。

「今なら行ける」は事故のもと

クルマで右折や左折をしようとしているときや、信号のない道路を横断しようとしたとき、目測で対向車や歩行者との距離を測って、「あ、チャンスだ。今なら行ける」とクルマを走らせたことのある人は少なくないでしょう。

しかし、自分の判断を過信するのは考えものです。こうした考えが事故の元になるからです。

急いでいるときもあるでしょうし、性格的にせっかちな人もいるでしょう。これまで「今なら行ける」で事故を起こしたことがない人は、「これぐらいの距離があれば大丈夫」と、まるで何かのチャレンジをしているように、より厳しいタイミングで曲がったり、道路を横断しようとクルマを走らせる傾向にあります。

しかし、これまで事故を起こさなかったからといって、この先事故を起こさない保証はどこにあるのでしょうか。

もしあなたが事故を起こせば、ご自身の家族はもとより、事故の被害に遭った相手の家族の人生までも大きく変えてしまいます。事故を起こしてからでは遅いのです。一度でも事故を起こせば、人生が大きく変わってしまうことに、もっと目を向けるべきです。「今なら行ける」ではなく、「今でも安全に行ける」で運転するぐらい慎重にならなければいけません。

急いで運転しても疲れるだけ

これは私自身の経験です。

あるとき、羽田空港で乗せたお客様がこう言いました。

「千葉の四街道までできるだけ急いで行って！」

羽田空港から四街道までは約60㎞もあります。私は高速道路を使ってできるだけ急いでクルマを走らせました。後部座席に座るお客様の急いでいる様子を背中に感じながら、私はプレッシャーを感じていました。そして、なんとか40分ほどで目的地にお客様をお届けすることができました。

プレッシャーから解放された私はドッと疲れてしまったので、都内へ戻る道中は慌てることなく、鼻歌交じりでゆっくり運転しました。

都内に戻り、ふと時計に目をやって私は驚きました。自分自身の感覚では行きと同じ道をものすごくのんびりと戻ったはずなのに、45分しか、かからなかったのです。

「えっ？　プレッシャーを感じて、あれだけ焦って運転したのに行きと5分しか変わらないのか！」

そして、思いました。どんなに焦って運転しても、目的地に着く時間はたいして変わらないのです。

別の日に、あるお客様にその日のことをお話ししました。すると、「人間はプレッシャーを感じると、心臓がもの凄い速さで動き始めます。それで体は動いてなくても疲れてしまうんですよ」と教えてくれました。

なんでも、スポーツ生理学の分野では、心臓には急速に血液を体中に送り、いざというとき体を即座に動かせるように細胞の活性化を図る機能があるそうです。

みなさんもそれを心得て、ゆとりのある運転に努めてほしいものです。

あおり運転に遭遇したら……

　最近、あおり運転の被害が増えています。

　無法者のあおり行為、中寄せ、後ろからのパッシング、追い越して前方に入ったところでの急ブレーキなど、嫌がらせ行為があったときは、どんなことがあっても高速道路の追い越し車線上にクルマを停車してはいけません。後続車が追突する可能性が高く、きわめて危険だからです。可能であれば、サービスエリアやパーキングエリアなど、多くの人がいる休憩施設に逃げ込みましょう。一般道であおり運転に遭遇した場合は、警察署や交番に逃げ込むのもひとつの方法です。

　やむにやまれず、高速道路上で停車しなければいけない状況になったら、必ず路肩に停車させることです。絶対に車外に出てはいけません。そして、絶対に窓を開けてはいけません。落ち着いて、携帯電話で警察に連絡を取り、次の基本的な情報を伝えましょう。

・自分がどこにいるか
・上り車線か下り車線か
・嫌がらせ行為を行うクルマの色や車種、ナンバー

大事なことは決して自分だけで解決しようと思わないことです。周りの人に助けを求めることができれば、大きな被害は防げます。

信号に対する心構え

走行中、前方の信号が青で、自分の前に1台もクルマが走っていないとき、みなさんはどうしているでしょうか。

タクシー運転手ならば、アクセルからブレーキに足を切り換えて、いつでもブレーキを踏み込めるように待機します。青信号だからといって安心しきるのではなく、いつ何が起こるかわからないという前提で、不測の事態に備えているのです。

一方、前方の信号が青で、自分の前に1台または数台走っているときは、適切な車間を保ちながら前のクルマに追突しないように注意を払いながら走行します。

赤信号で停車しているときに、とくに注意が必要なのは自分のクルマが先頭で停車しているときです。

早朝や深夜など交通量が少ないときは、前方にクルマが1台もいないことがよくあります。このような状況で赤信号から青信号に変わったときに、まるでF1レースのスタートかのように急発進する人がいますが、それがよろしくないのは言うまでもありません。急加速中に歩行者が飛び出してくるかもしれませんし、路上に落下物があるかもしれません。

前にクルマがいなくても、すぐに発進させず、一呼吸おいて安全を確認してから発車することです。

渋滞中のクルマが列を譲るときの考え方

道路が渋滞しているとき、脇の細い道から太い道へ入りたがっているクルマを見かけることがあります。そのときに、どのような行動をとるべきなのでしょうか。

時折、太い道にいるクルマが細い道からくるクルマを、1台だけでなく2台も3台も入れている場合があります。これは本当に良いのでしょうか。もちろん、本人は良いことをしているつもりでしょう。しかし、これは絶対にしてはいけません。

それはなぜなのでしょうか。

もしかしたら、自分の後ろに並んでいる後続車のなかには、病院の予約に間に合わないとか、学校に遅刻しそうだとか、急ぎたい事情を抱えている人がいるかもしれません。

それなのに、自分の目の前で2台も3台もクルマを入れられれば、イライラしても不思議ではありません。場合によっては、後ろからクラクションを鳴らされたり、パッシングされるなどの嫌がらせを受けることになります。自分は何も悪いことはしていないつもりでも後ろのクルマは大変迷惑しています。入れてあげるのは1台だけにして、2台、3台は絶対に入れてはいけません。

追い越してからの車線変更はご法度

高速道路でも一般道でも車線変更をするときの考え方は基本的に同じでかまいません。

車線変更するときに絶対にやってはいけないのが、自分のクルマの右側、もしくは左側の車線に入ろうとしたときに、並行して走っているクルマを追い越して車線を変更することです。もし、車線変更をするなら、並行して走っている隣の車線のクルマの後ろに入らなければいけません。

そしてそのときに忘れてはいけないのが、ルームミラーとドアミラーの確認です。

車線変更をする前には、並走しているクルマを前に行かせてから、まずルームミラーで自分のクルマの後方の交通状況を確認します。右側の車線に移りたいなら、ルームミラーに右側車線を走行するクルマの全体が見えていれば、安全に前に入れる距離があいています。ただし、それだけで車線変更をしてはいけません。ドアミラーを見て、ルームミラーの死角に他のクルマがいないかを確認し、さらに自分の目で直接、周囲の状況を確認します。それで安全が確認できたら、ハンドルを切る3秒前を目安にウインカーを出し、周囲のクルマに車線変更の意思を示してから、ゆっくりとハンドルを切りながら車線変更します。

下り坂でドアを開けるときは要注意

クルマから降りるときにはドアを開けることになります。このとき、いきなりドアを開けるのが危険なのは言うまでもありません。後ろからクルマやオートバイ、自転車が来ていないかをサイドミラーや目視で確認してからドアを開けなければいけません。

基本的にはこの心がまえを忘れなければいいのですが、下り坂でクルマを停めたときは、とくに注意が必要です。

それはなぜでしょうか。サイドミラーを見たとき、後方から自転車が走っているのが見えたとします。平地でクルマを停めたときの感覚で、「まだ遠く離れているからドアを開けても大丈夫だな」と判断してドアを開けたときに、下り坂で想像以上にスピードが出ている自転車が開けたドアに突っ込んでくる可能性があるのです。

下り坂ではいつも以上に慎重にならなければいけないのです。

運転経験がない人が助手席に乗っているときは、ドアを開けるときに注意を促してあげてください。クルマと歩道の間をオートバイがすり抜けようとしているかもしれません。運転経験がない人はサイドミラーを見る重要性を理解していないことが多いので、クルマが停まるとすぐにドアを開けがちです。運転手はクルマが動いているときでなく、停まったときもいろいろと注意を払わなければいけないのです。

下り坂で加速
してきたら危険だな
ちょっと待つか

善意が事故につながることもある

渋滞している片側一車線の道路をノロノロと走行しているときに、対向車線から右折しようとしてウインカーを点灯しているクルマがいたら、みなさんはどうしますか。

自分のクルマを少し停車させることで前のクルマとの車間をあけ、右折しようとしているクルマが曲がれるだけの空間をあけてあげる人も少なくないと思います。そのような善意に対して、右折しようとしていたクルマの運転手は、「自分が右折できるように配慮してくれた。いい人だな。すぐ右折しなくては」と思うでしょう。

もし自分が右折するクルマの立場だったら、渋滞でノロノロと走っている車列と歩道の間を走行してくるオートバイの存在に気をつけなければいけません。ところが、右折するために配慮してくれたクルマを意識して、なるべく早く曲がろうとすると、周囲への注意力が散漫になりがちです。

渋滞でのろのろ走行するクルマを横目に、オートバイは渋滞の車列と歩道の間をスルスルと軽快に走り抜けていきます。もし右折しようとしているクルマがオートバイがすり抜けてくることを想定せずに慌てて右折すれば、オートバイと激突するかもしれません。このような状況では、一呼吸おき、安全を確認してから右折することです。

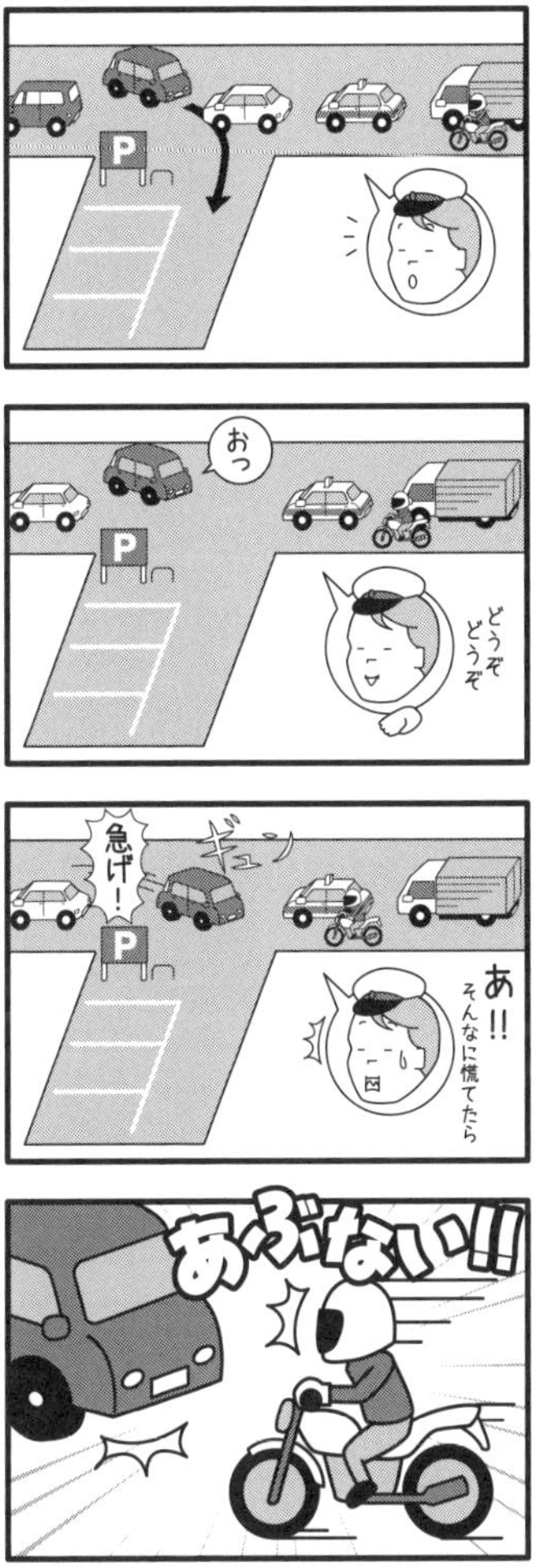

他人の不幸を喜ぶ人がいる

「駐車しても警察は来そうもない」

人気の少ない寺社や学校の脇、道幅が広めにもかかわらず人やクルマがあまり通らないところだからといって、安易に駐車するのは危険です。とくに路上駐車をしているクルマが1台もいないようなところに駐車すると、5分もしないうちに警察が来ることは珍しくないのです。

それはなぜなのでしょうか。

もちろん、それは偶然ではなくからくりがあります。人通りもなく、クルマの往来も少ないのに、駐車しているクルマが1台もないようなところは、周辺住民のなかに路上駐車するクルマがいないかをいつも見張っている人がいる場合があるのです。こういう人は、それを知らないクルマが駐車すると、ワナにかかった動物を見て喜ぶ猟師のように、「また路駐した！」と嬉々としながら警察に連絡します。そして、路上駐車したクルマのドライバーが警察官から駐車違反のキップを切られているところを陰から見て喜んでいます。

駐車禁止エリアにクルマを駐車するのは褒められることではありませんが、このように他人の不幸を喜ぶ人がいることも知っておきましょう。

冬支度に対する考え方

私は長年、東京都内でタクシー運転手をしています。東京都は決して豪雪地帯ではありませんが、毎年、12月中旬から3月いっぱいは、スタッドレスタイヤにしています。しかも、2年で新しいタイヤに交換しています。

「雪が降ったらタイヤを換えればいいのでは?」

そんな声も聞こえてきそうですが、私はお乗りいただいたお客様の大切な命を預かる仕事をしています。いつ雪が降るかはわかりませんから、念には念を入れてタイヤを履き換えているのです。

もちろん、2年ごとに新しいスタッドレスタイヤに交換すれば、それなりのコストはかかります。だからといって、もし雪が降らなかったとしても、そのコストが無駄だったとは思いません。

みなさんはお客様を乗せることがなくても、助手席や後部座席に夫や妻、両親、子ども、恋人など大切な人を乗せることがあるはずです。その大切な人を守るためにも念には念を入れてもいいのではないでしょうか。もし冬支度しないまま、雪が降ったときにスリップして事故を起こしたら後悔してもしきれなくなるでしょう。

そして、何よりもこうした準備は自分自身を守ることにつながります。クルマの冬支度にかぎらず、十分すぎるほどの慎重さをもって運転しても、私は何も損することないと考えているのです。

クルマにも「もしも」の備え　冬支度

細い道から太い道に出るときの注意

細い道から太い道へ出るときは、停止線の手前で必ず一旦停止して、じょじょに太い道路への入り口ギリギリまで進行しましょう。

それはなぜかというと、自分のクルマと道の間にすき間を開けると、自転車やオートバイがすき間を目がけて突っこんで来ることがあるからです。

以前、細い道から太い道へ出るために歩道を横切ろうとしたら、走ってきた自転車が勢いよくクルマの前に飛び出してきたことがありました。それ以来私はそのことを想定して運転するようにしています。

事故を防ぐためにも、できるだけ太い道路に出るギリギリまでクルマを前進させましょう。

コラム

タクシー運転手の独り言〜暑い夜に眠るコツ

みなさんは暑い夜はどのように過ごしていますか。

クーラーをつけっぱなしで寝ると翌朝ダルくなる人もいるでしょう。だからといって、クーラーをつけずに寝れば、暑くて寝苦しい……。暑くて夜中に目が覚めるようなことになれば、しっかり身体を休めることはできません。

私はタクシー運転手です。お客様の大切な命をお預かりする仕事ですから、運転中に眠くなることがないように睡眠には気を遣っています。

私は翌日に疲れを残さないように、暑い夏の夜でもぐっすり眠れるような工夫をしています。

これは私のタクシーに乗っていただいたスポーツ関係のお仕事をしている人から聞いた話です。

暑い夜は薄手の掛け布団やタオルケットではなく、厚い綿の布団を掛けて、それでちょうどよい温度にクーラーをつけて寝るというのです。薄手の掛け布団にして、クーラーをかけっぱなしにすると、身体が冷え切って、逆に寒すぎて目が覚めてしまうことがあります。

しかし、厚手の布団を掛けて、クーラーをつけて寝ると、汗もかかずに快適に寝られます。私もこの方法を実践していますが、熟睡できるので夏バテ知らずです。

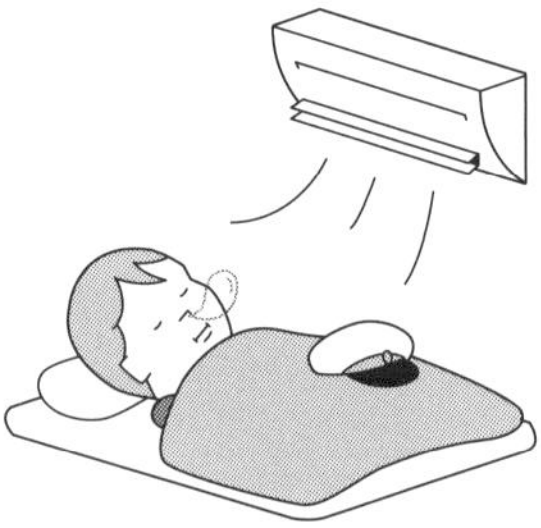

第二章
みんなに知ってほしいプロの運転テクニック

細い道を走行するときのコツ

商店街や住宅街などの人の往来がある細い道を走行するときは、いろいろと気を遣うことが増えます。フラフラしながら走る自転車、不規則な動きをする子どもたち、道に飛び出すかたちで駐輪している自転車……。そんな細い道がイヤでわざわざ迂回した経験がある人も少なくないのではないでしょうか。

しかし、タクシー運転手はお客様を最も効率的なルートで指定された場所へお届けしなければいけませんから、細くて人の往来が多い道だからといって避けることはできません。

そんな細くて人の往来が多い道でも疲れずに運転できる極意をお伝えしましょう。そんなに難しいことではありません。

細くて人の往来が多い道では、自分の走行方向と逆に歩いている人やこちらに向かってくる自転車を気にするのではなく、自分の走行方向と同じ方向に歩いている人に合わせたスピードでクルマを運転します。すると、あまり気を遣わずに済み、疲れることもありません。

このことに気をつければ、細い道で人の往来があってもラクに安全に運転できます。スピードを出せずにイライラするかもしれませんが、スピードを出せば接触事故の可能性がきわめて高くなりますから、そこは我慢です。

見通しの良い道での注意

幹線道路などの見通しの良い道を走っているときに、細い横道から太い道に走り出そうとしているクルマを見たら、運転している人の様子を確認するようにします。

そのとき運転している人が自分のクルマのほうを見ていなければ、自分のクルマのほうに視線を向けるようクラクションを鳴らします。

見通しの良い農道なども要注意です。

「見通しが良いのだから、クラクションを鳴らしてまでこちらに注意を向けさせる必要はあるの?」

そう思った人もいるかもしれませんが、そう思ってしまいがちなところが見通しの良い道の落とし穴です。

太い道を走る自分のクルマは、細い道のクルマが一時停止義務を守ると思うでしょう。多くの場合は自分のクルマを減速したり停めたりすることはありません。

しかしながら、そういうときに限って細い道のクルマが一時停止を無視して急に飛び出して来て、事故となるものなのです。

見通しの良い道で起こった交通事故のニュースを見て不思議に思うかもしれませんが、その原因はこうした気の緩みであることが多いのです。

立体交差を走行するときに注意すること

立体交差は主に2種類あり、道路を掘り下げることで交差する道路の下をくぐるようにした「アンダーパス」型と、高架橋によって交差する道路の上を越す「オーバーパス」型があります。

立体交差に差し掛かり、自分のクルマの前に1台も走っていないときのクルマの運転には注意が必要です。立体交差に差し掛かったところで、前にクルマがいないからといって、ついスピードを出しすぎてしまうと、アンダーパスでは下りきる途中、オーバーパスでは上りきる途中で前方の視界が見えづらくなります。

たとえ、前方にクルマがいなくても立体交差を越えてすぐに信号があるかもしれず、もし信号が赤なら停車しているクルマがいるかもしれません。スピードを出しすぎていれば、前方が見えないところから、突然赤信号で停まっているクルマが現れる感じになり、追突の危険性が高いのです。オーバーパスの場合は、立体交差を越えると下り坂ですから、ブレーキの効きが悪くなるので、とくに慎重な運転が求められます。

前が見えないときは注意して走らなければいけないのは当然ですが、立体交差に差しかかったら、前に信号があるかもしれない、停車しているクルマがいるかもしれないと想像力を働かせて安全運転を心がけましょう。

登り坂の向こうに信号だけが見えるとき

オーバーパスの立体交差を走行するとき、その頂上に差しかかる手前では頂上より先の状況が見えづらくなります。それと似ていてさらに複雑なのが、登り坂の向こうに信号機だけ見え、前方の状況が見えないときです。

オーバーパスの場合は、たとえ前方の状況がわからなくても、基本的に道路を横切る歩行者や自転車がいることを想定する必要はありません。前方のクルマに追突しないように注意を払えばいいだけです。

ところが、前方に信号機だけが見えるときは、信号機のある場所が交差点になっていて歩行者や自転車が横切る可能性があることも想定しなくてはいけません。クルマから歩行者や自転車の存在が確認しづらいときは、歩行者や自転車にとってもクルマが見えづらくなっています。もしかしたら歩行者や自転車が「クルマが見えないから大丈夫」と考えて、歩行者用の信号が赤なのに渡ろうとしているかもしれません。そもそも登り坂ではいつもよりアクセルを踏みがちなのでスピードが出やすい状況です。青信号を無条件に信用していると、突然、目の前に歩行者や自転車が現れたようになり、ブレーキが間に合わない……そんな事故が少なくないのです。

「立体交差を走行するときに注意すること」（42ページ）でも述べたように、運転するときは想像力を働かせて万が一に備える必要があるのです。

深夜の雪道を甘く見てはいけない

積雪が5㎝以上になれば、多くの人はチェーンを巻いたりして、いつも以上に慎重に運転します。しかし、積雪が1㎝～2㎝程度なら「チェーンを巻かなくても大丈夫」と思っていないでしょうか。たしかにチェーンを巻くほどの積雪ではありませんが、甘く見ているなら危険です。

とくに午前1時～午前2時ごろの深夜の運転は要注意です。

日中に降った1㎝～2㎝程度の雪なら、深夜になると氷に変わります。路面が凍れば、ブレーキを踏んだときに滑りやすくなります。たいして強くブレーキを踏んでいないのに、スーっと30㎝くらい滑って前に進むことがあるのです。いつもと同じ感覚でブレーキを踏んで30㎝も滑れば、接触事故の危険性が高まるのは言うまでもありません。事故を起こさないためにクルマが多少滑ることを考慮しながら、いつもより早めに減速して、ゆっくりとブレーキを踏むことです。

また、前日に雪が降ったときの橋や立体交差も危険です。気温によっては雪が氷に変わりやすいからです。一般道の雪はすでに解けているのに、橋や立体交差に差しかかると、そこだけがアイスバーンに変化して少しブレーキを踏んだだけでクルマがスリップしやすくなっていることがあります。雪は危険なので注意して走行することです。

雪かー
チェーン巻くのはちょっと大げさじゃない？
赤信号だ。ブレーキ
ブレ…あれ？
え!?ウソ!?
つるん
つるん

高速道路で合流するときのコツ

高速道路の合流が苦手な人は少なくありませんが、何も難しく考えることはありません。

本線を走行するクルマは、最低でも時速80km、速い車であれば時速100km以上で走行しています。一方、これから合流しようとする自分のクルマは、そこまでスピードは出ていません。

考えてみれば当然ですが、これから合流しようとしている自分のクルマと本線を走行するクルマのスピードに差があればあるほど合流は難しくなります。

本線を走行するクルマの流れを妨げずに合流するコツは、加速レーンに入ったら本線を走行するクルマと同じ速度にする気持ちで、一気にアクセルを踏み込むことです。そうすれば、ラクに本線に合流できるようになります。

普段、高速道路を利用する機会が少ない人は、アクセルを思い切り踏み込んで一気に加速することにおそれを抱くかもしれませんが、慣れてしまえばそんなに難しいことではありません。

ここで述べたコツに留意して運転すれば、「合流」に対する苦手意識を簡単に克服できるはずです。

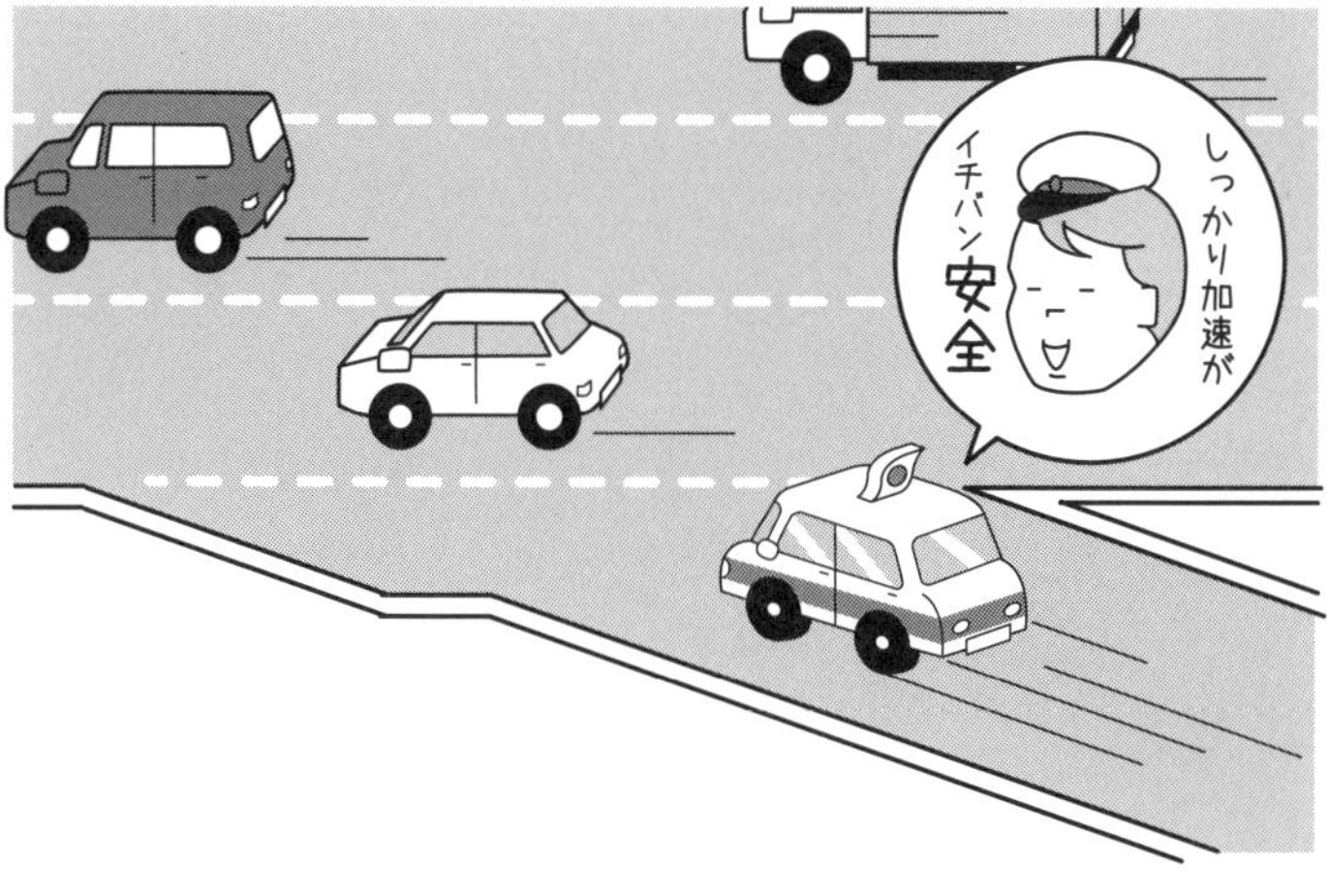

高速道路を降りるときの注意点

高速道路を降りるときはスピードに注意しましょう。

高速道路を降りる前は時速70㎞から80㎞、場合によっては、それよりも速いスピードで走行しています。しかし、高速道路を降りて一般道に入れば、制限速度は速くても時速60㎞、一般的には時速40㎞～50㎞になることがほとんどです。

ところが、人間のスピード感覚は意識しないとなかなか下がりません。「一般道だからスピードを落とさなくては」と思っていても、一般道を時速50㎞で走行していると、ものすごくスピードが遅く感じてしまうのです。その結果、ついついアクセルを踏んでしまうと、スピードが出すぎてしまい、大きく速度オーバーをしていることが少なくありません。

漫然と走行していると、高速道路を降りたところでスピードの取り締まりにあってしまいます。警察も高速道路から一般道に降りてきたクルマがスピードを出しすぎる傾向があることを知っているので取り締まりをしているわけです。

それだけでなく、高速道路でのスピード感が残ったままスピードを出してしまうと、前方の車両に追突するリスクが高まります。

高速道路から降りたら、自分の感覚に頼るだけでなく、意識的にスピードメーターを見て、速度を出しすぎていないか確認することが大切です。

道路上のミラーはよく確認すること

交差点や見通しのよくないところにはミラーが設置してあります。言うまでもありませんが、他のクルマや歩行者を確認できるようにして、安全かつ円滑にクルマを走行できるようにするために設置されています。

交差点または見通しの悪いところは、ミラーをよく確認して走行しなければいけません。よく確認しないでクルマを走らせれば、事故の危険性が大きくなります。ミラーは危険が潜んでいるから設置してあるのです。

しかし、ミラーを確認しさえすれば、それでいいのでしょうか。

ミラーを過信することも危険です。ミラーはクルマを運転している人が見えないところを見えるようにするために設置されていますが、左図のように死角ができてしまうことがあります。

図のT字路のケースでは、人や自転車が死角に入っているため、クルマの運転手が、「自転車や人がいないから、曲がっても大丈夫」と判断をしてもおかしくありません。

このように、ミラーでも映らない死角がありますので、しっかりとミラーを見たからといって、安心しきってしまってはいけません。

自転車や人は、走ったり歩いていています。一呼吸置けば死角から出て、ミラーで確認できるようになりますから、慌てて曲がらないことが大切です。

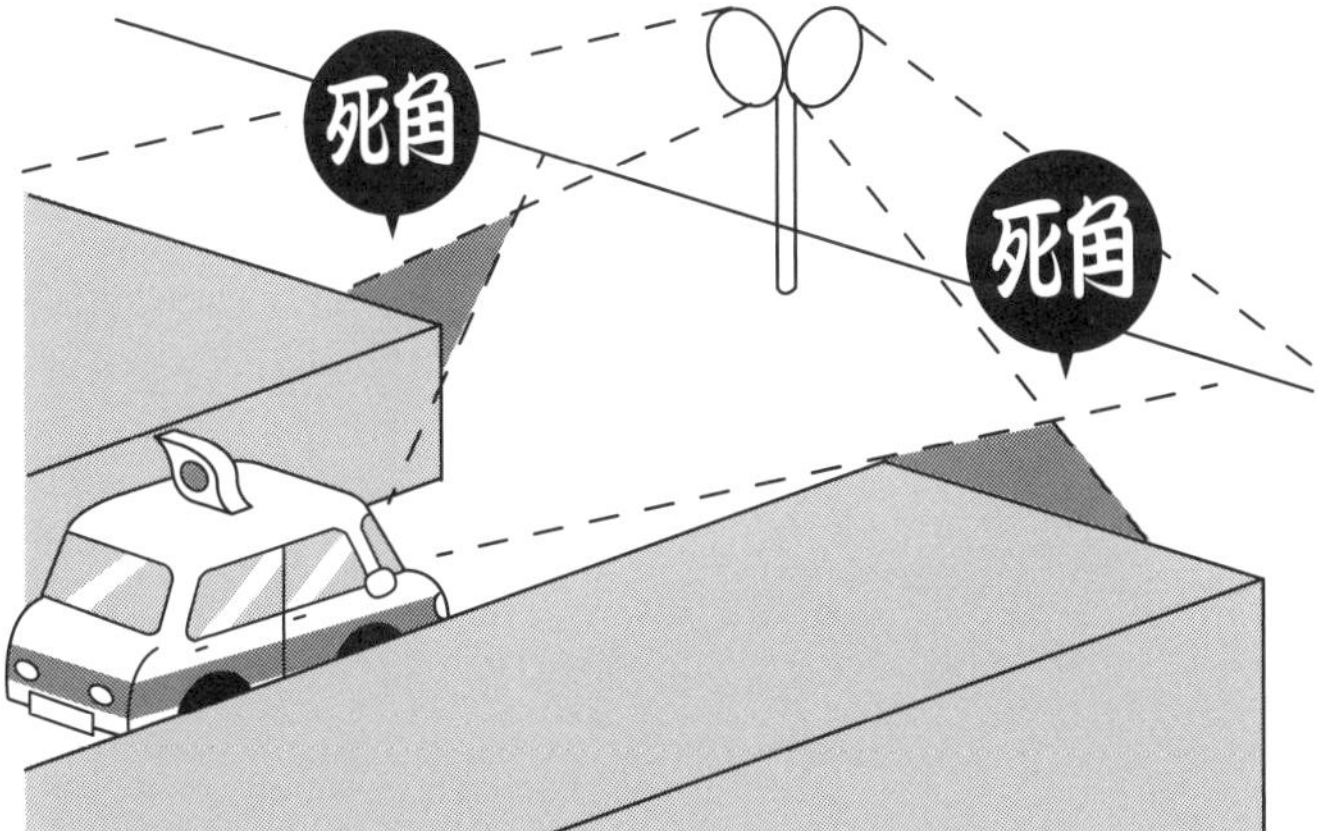

ハザードランプを上手に使おう

高速道路上で渋滞中に自分のクルマが最後尾になったときは、後続車の追突を防止するため、ハザードランプを点灯するのが安全を確保するために重要なことであり、マナーです。

じつは道路交通法には「渋滞の最後尾でハザード点灯をすること」は明記されていません。それでも2018年に静岡県内の高速道路で追突事故が相次いで起きたことで、静岡県警高速道路交通警察隊は、「渋滞の最後尾ではハザードランプを点灯しましょう」と広く呼びかけるようになりました。本来の使い方ではなくても、渋滞を知らせるためにハザードランプを点灯することは安全の確保に役立つことを、静岡県警高速道路交通警察隊は公式に認め、「道路交通法に記載がない使い方をしても違法にはならない」という見解をわざわざ出しています。もし、あなたのクルマが渋滞の最後尾になったら遠慮せずにハザードランプを点灯させましょう。

そして、車線変更や細い道から渋滞している太い道へ出ようとしたときに、入りやすいように車間をあけて間に入れてもらうように配慮してもらったら、「ありがとう」の意味を込めてハザードランプを3度ほど点灯させる、いわゆる「サンキューハザード」を出すのもマナーです。

ハザードランプは周囲のクルマにさまざまなメッセージを伝えるのに役立つので、上手に使いこなせるようになりましょう。

道路上でやむなく停車するときは……

道路上に大型車のスペアタイヤが落ちています。もし、その上に自分のクルマが乗り上げて身動きが取れなくなってしまったら、あなたはどうしますか。

①クルマのなかにとどまる
②クルマを降りて、進行方向に50m～100m離れる
③クルマを降りて、進行方向とは逆方向に50m～100m離れる

実際にこの状況に陥った母娘が、現場から離れて路肩から警察に連絡中、後続車にひかれ2人とも亡くなるという惨劇が起こっているのです。母娘の取った行動は②でした。通常、クルマが停まっているはずのないところに停車しているわけですから後続車に追突される可能性は高く、万が一、追突されても大丈夫なように、クルマの外に出て安全を確保します。この

点では母娘の選択は正しかったのですが、現場から離れる方向が間違っていました。

このような状況では直感的に進行方向に離れたくなる人が多いかもしれません。しかし、後続のクルマが自分のクルマにぶつかれば、その勢いのまま進行方向に投げ出されるように飛んでいきます。

亡くなった母娘のケースでも、道路上に横転した母娘のクルマに衝突した大型トラックが進行方向に退避していた母娘に激突してしまいました。もし同じような状況になったら、③の行動をとりましょう。そして身の安全を確保してから警察に連絡しましょう。

フラフラ運転するクルマがいたら……

運転中に、前のクルマがフラフラ走ったり、車線をまたいだりして走っていたら要注意です。みなさんは、前方にフラフラ走るクルマがいたら、どのような行動をとるでしょうか。

①危険なので対向車に気をつけながら「追い抜く」
②追い越さずに車間距離を開けてそのまま後ろを走る

答えは②です。絶対に追い越してはいけません。

フラフラしているクルマの運転手は、居眠りをしているかもしれませんし、飲酒しているかもしれません。いずれにしろ普通にまっすぐ走っているクルマに比べると、はるかに危険な状態で、周囲に迷惑をかける可能性が高いことは間違いありません。

もし挙動がおかしなクルマを追い越したあとに、赤信号で停まらなくてはいけなくなったらどうでしょう。後方から追突される可能性は否定できません。たとえ、バックミラーなどで後方のフラフラしたクルマに注意を払っていても、赤信号で停まっていればなす術はなく、フラフラしたクルマが迫ってくるのを見て祈るぐらいしかできないのです。

土曜、日曜、祝日はタクシーをよく見よう

土曜、日曜、祝日に幹線道路を走行するときは、地元のタクシーや無線が付いたタクシーがどのような運転をしているか、注意して観察してみてください。

「あれっ？　あのタクシーはどうしてスピードを出さないんだろう」

「意図的にスピードを出していないような気がする」

そう感じたなら要注意です。

地元のタクシーや無線タクシーがゆっくり走行しているときは絶対に追い越してはいけません。地元のタクシーは、土曜、日曜、祝日にどこで警察がスピード違反の取り締まりをしているかを熟知しているからです。

無線タクシーは「環八内回り、白山神社前走行注意」といったように、無線を使って、どこで取り締まりを行っているかの情報を仲間のタクシー

と共有しています。

とくにタクシー運転手は、違反を繰り返して免許停止や取り消しになれば、当然仕事ができなくなるわけですし、生活にも関わる大問題です。それゆえ、警察の取り締まりには一般ドライバーよりもはるかに敏感になっています。

タクシーがゆっくり走っているときは意味があるのです。

パッシングが意味すること

クルマを運転していて、自動車のヘッドライトを瞬間的にハイビーム（上向き）で点灯させ、これを1回または複数回繰り返す、いわゆるパッシングすることは多くないと思います。

パッシングは、状況によってその意味合いは変わってきますが、いくつかの意味があります。

たとえば、高速道路で追越車線を走行中に後ろからクルマにパッシングされたら、あなたに対して「急いでいるからどいてほしい」ということを意味しますし、ただ単にいやがらせの場合もあります。

また、右折するときに対向車がパッシングした場合、関東では「どうぞお先に」という意味ですが、関西では「自分が先に行く」という意味になるなど、地域によって意味が変わる場合もあります。

田舎では、ときどき対向車がパッシングをしてくることがあります。しかし、都会に住んでいる人のなかには、それが何を意味するかわからないことも多いようです。田舎の道でパッシングされたら、その多くは「この先でスピードの取り締まりをしている」との合図ですから、スピードの出しすぎに注意して走行しましょう。

対向車にパッシングされる理由がわからないときは、パッシングによって何かを知らせようとしてくれているのかもしれません。

高速でクルマが停止してしまったときは

東名高速道路での事故のことです。

どのような経過でそうなったのかはわかりませんが、片側三車線の道路の中央車線でクルマが止まってしまったようです。

そのとき乗っていた女性は降車して道路のはじに行こうとして、後続のクルマにひかれて死亡してしまいました。また、同乗の男性の方も女性を助けようとしたのか、そのあとクルマにひかれて重傷を負ったとのことです。

このようなときは、危ないけれども、車から降りず、まず後続車に目立つようにハザードランプを点灯させ、携帯で警察に連絡を取って救助を待つようにしましょう。

高速道路での歩行は非常に危険です。決して道路上に出ず、必ず救助を待つようにしてください。

また、可能な限り路肩に寄せ、発炎筒を車両後方に投げるか、停止表示板を置きましょう。

コラム

タクシー運転手の独り言～ 柴胡桂枝湯《さいこけいしとう》を飲んで

私は胃腸が弱かったので、あるとき胃腸科を受診しました。原因を突きとめたかったので、胃カメラと大腸内視鏡検査を受けたのですが、その結果は「問題なし」でした。

困った私は漢方医に行き、そこで処方されたのが漢方薬「柴胡桂枝湯」でした。それを飲んだところ、すぐに調子がよくなりました。ところが、それから少し経ったころ、会社の健康診断でGOT（グルタミン酸オキサロ酢酸トランスアミナーゼ）の値が1,800 IU/lになってしまったのです。基準値は10～35 IU/lですから、かなり高い異常値です。GOTの値が高いと、肝硬変や肝ガンなどの重い病気が疑われます。

そのとき、私は直感的に柴胡桂枝湯に何か原因があるのではないかと考えました。

柴胡桂枝湯には、柴胡《さいこ》、半夏《はんげ》、黄芩《おうごん》、甘草《かんぞう》、桂皮《けいひ》、芍薬《しゃくやく》、大棗《たいそう》など、なじみのない生薬が含まれています。私は何がいけないのかを突き止めるために、柴胡桂枝湯に含まれる生薬を1種類ずつ飲みながら調べました。

その結果、1包に含まれていた黄芩《おうごん》3.0gが悪いらしいことがわかってきました。その量を2.5gにして飲むと、体調は大変よくなり、今でもすこぶる元気です。

第三章　今のクルマについて考えること

高齢者の運転について

最近、警察やマスコミなどで高齢者の運転について、「高齢になると事故が多い」「75歳以上は免許証を強制的に返納させろ」という声もあるようです。いろいろと報道されていますが、ここからどういったことが考えられるでしょうか。

ただ言えることは、昔は平均寿命が今よりも短く、70歳ぐらいになれば多くの人は亡くなっていましたが、今では医療技術の進歩もあり、80歳、90歳はもちろんのこと、100歳になっても、ご健在なお年寄りが珍しくなくなりました。

平均余命が伸び続けるのに比例して、70歳以上での免許証の所持者もかなり増えています。警察庁によると、2023年4月時点の70歳以上の運転免許保有者数は約1320万人です。70歳以上の人口は約2872万人ですから、70歳以上の約46%が運転免許証を持っていることになります。

70歳以上でクルマを運転する人が増えているのですから、事故の発生数が増えるのが当然です。

私の周囲を見渡してみると、80歳になっても毎日自分で運転している人は安全に運転する技術があります。

ところが、よく手入れされた庭がある豪邸に住むような人は、自分ではなく他人にクルマを運転させていることがあります。もちろ

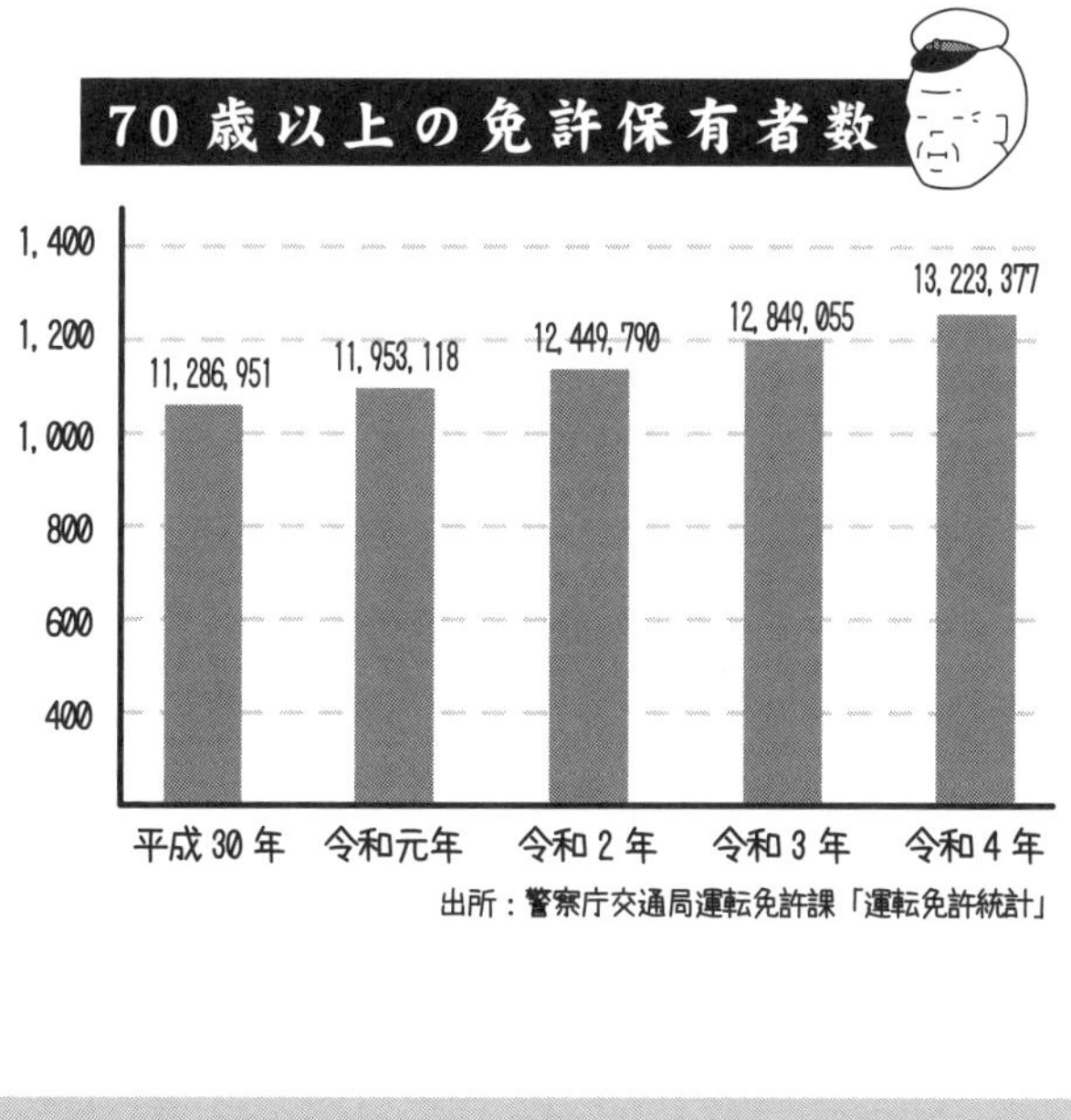

出所：警察庁交通局運転免許課「運転免許統計」

ん自分で運転することもあるでしょうが、1週間に1回だったり、10日に1回くらいなものです。運転頻度が少ないこともあり、免許証は当然ゴールドカードです。

しかし、クルマの運転頻度が1週間1回、10日に1回になれば、運転技術の劣化は免れません。技術が錆びるのです。

誰もが自覚することですが、子どものころは学校のグラウンドを自由に駆け回ることができました。しかし、自分の子どもが学齢になって、運動会で保護者参加型の競技に参加してみると、昔のように体が自由に動かないことを自覚する人は多いのではないかと思います。自分の体でさえ使っていないと錆びます。ましてや錆びてしまった体と運転技術では、クルマという複雑な機械を操作して道路という公共の場を走ることには対応しきれません。

豪邸に住み、高級車を持っているような人は、社会的な地位があって、きっと自分に自信があるのでしょう。しかし、体と運転技術が錆びているのに自分の能力を過信して運転すれば、自分だけではなく他人を巻き込む事故を起こしかねません。

クルマを運転し続けたいなら、過信することなく、せめて1日おきぐらいはクルマを運転して、運転技術を錆びさせないことが重要ではないでしょうか。

私はタクシードライバーとしてだけでなく、一般ドライバーとしても毎日のように運転していますから、運転技術が錆びついたと感じたことはありません。

一方通行の逆走をなくすための提案

高齢者が高速道路を逆走して事故を起こした——逆走しているクルマがいると警察に連絡が入った——そんなニュースをよく目にするようになりました。多くは高齢者が引き起こしたものです。

私も一般道を走っているときに一方通行を逆走しているクルマをときどきですが見かけます。その運転者がどんな人か見ると、年齢もさまざまで老若男女の別もありません。

長年の経験から断言しますが、逆走の原因は知らない道を走るからです。地元の人は誰も一方通行の逆走などしません。一方通行の逆走を「高齢者だから」という短絡的な理由で片付けてしまうのはいかがなものかと思います。人間は間違える動物です。

逆走には標識の問題もあります。一方通行を示す標識は入口に矢印がひとつで、出口に赤丸に横一本の白線です。出口側の路面には白線が横一本全面に引いてあります。間違える人がいるのは、現在の標識自体に欠陥があるからです。そこで私は標識を下図のように変える提案をします。

私が提案する新標識では一方通行の出口から入ろうとする側が見れば、路面の標識が自分のほうに向かって突き刺さるように感じられます。今までの標識は頭で理解して道路を走行していましたが、人間の感性に訴求するような標識も導入していくべきだと思います。

この路面標識
進入してはいけない
感じがする…
見落としが
多いのならば
こうしたら
逆走がなくなる
のでは？

高齢者運転手を守るために

駐車場から出ようとしたときに、ブレーキとアクセルを踏み間違えてコンビニエンスストアに突っ込んでしまったり、歩道を歩いている人を歩道のガードレールごとなぎ倒して死亡させてしまったというニュースを最近よく目にします。

このような、運転手がブレーキとアクセルを踏み間違えて起こる事故が大変増えていますが、これは運転者がブレーキとアクセルを踏み間違えたときにスピードが出すぎてパニックになってしまうためと考えます。

ここで少し立ち止まって考えてみてほしいと思います。いまではオートマ車ばかりですが、かつてはクラッチ付きのマニュアル車ばかりでした。マニュアル車であれば、クルマを発進させるときクラッチを踏まないといくらアクセルを踏んでもクルマは動きませんから、急にスピードが出ることはありません。オートマ車がなかった時代にも、75歳以上の高齢の運転者はいたはずですが、今のような社会問題にはなることはありませんでした。

かつての国産車にはエンジン出力を280馬力までに制限する自主規制がありましたが、その規制が撤廃されてから、販売ディーラーは、300馬力、400馬力といったクルマの加速性能をセールスポイントにして販売促進をしてきました。

私からすれば、300馬力、400馬力は、明らかに過剰な性能です。そんな過剰な性能を持ったクルマで、ブレーキ

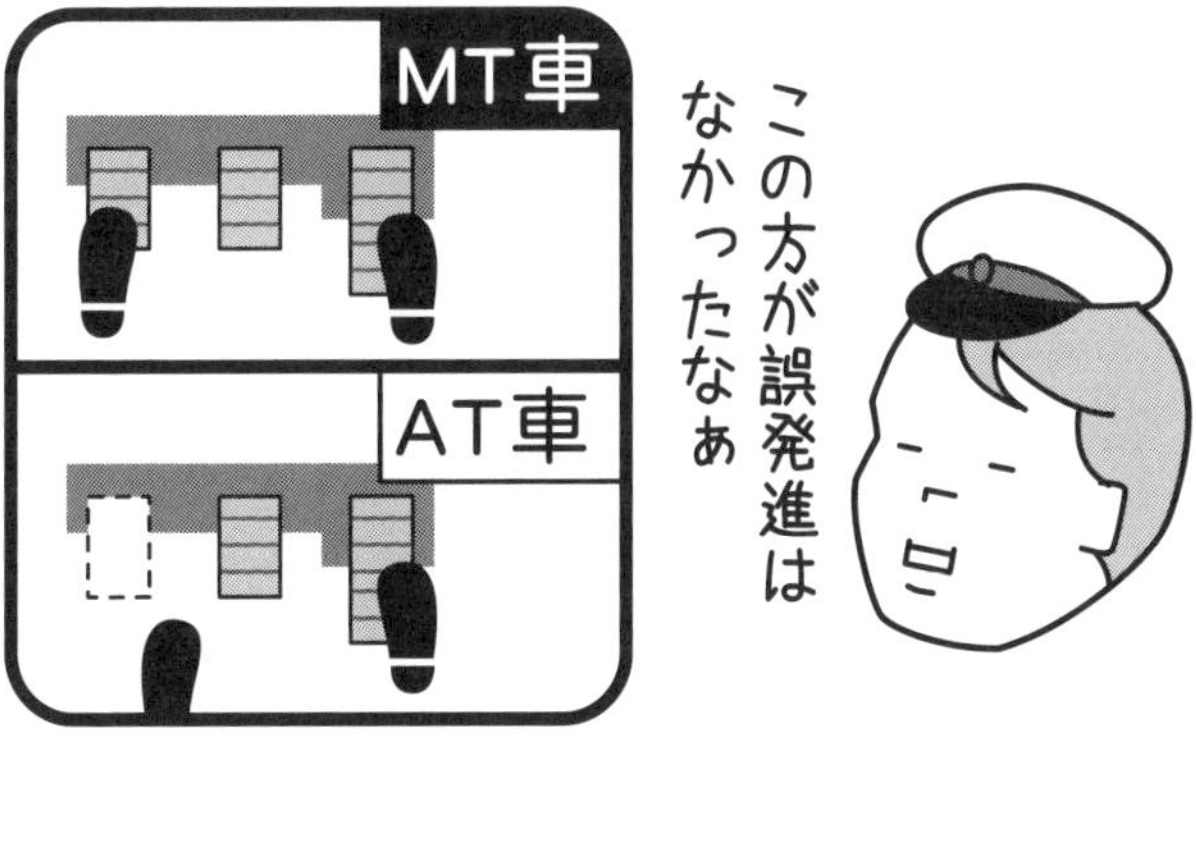
MT車
AT車
この方が誤発進はなかったなぁ

を踏んだつもりでアクセルを踏めば、スピードが出すぎてパニックになってしまうのも当然です。

高齢者は３００馬力、４００馬力もあるようなスピードの出るクルマを欲していません。高齢者が望んでいるのは安全に運転できるクルマです。

たとえば、私のふるさとでは若い人は外へ出てしまい、今やお年寄りばかりが住んでいます。お年寄りだからといって遊んでいるわけではなく、病院への通院、スーパーでの買い物など、生きるために動かなければなりません。

私のふるさとは田舎ですから、病院、スーパーなどはいずれも徒歩圏内になく、田んぼが広がるところを２㎞も３㎞も行かなければ、目的地にはたどり着きません。

そこで私は自動車メーカーに次のようなお願いをします。

車のスピードが簡単に出ないようにするために「制限アクセル」を開発してもらえないでしょうか。二度も三度もブレーキとアクセルを間違える人はいませんから、アクセルを力いっぱい踏んでも1回目は時速20㎞まで、2回目は時速40㎞まで、3回目は時速60㎞までしかスピードが出ないようにすれば、踏み間違いが引き起こす重大事故は大幅に減少するはずです。

ブレーキとアクセルの踏み間違いによる事故は、もちろんペダルを踏み間違ってしまった人に責任があります。しかし、誰でも間違うことはありますから、私は鬼の首を取ったかのように、ペダルを踏み間違った人だけを責める気にはなれません。人がペダルを踏み間違うことを想定していないクルマのほうにも欠陥があるのではないかと思うのです。

今まで間違いを犯さなかった人はいないのですから、自動車メーカーは、「人は間違うことがある」という前提に立ったクルマづくりをするべきではないでしょうか。

ブレーキとアクセルの踏み間違いについて

昨今、新聞を開くと、クルマがコンビニに突っこんだ、またはバックで病院の玄関に突っこんで中にいる人にケガをさせた、などのニュースが目に入ってきます。それらの事故の原因の多くは、ブレーキとアクセルの踏み間違いですが、そもそもなぜ踏み間違いをするのでしょうか。

それは、製品の構造に問題があるからだと思います。つまり、ブレーキとアクセルの位置が近すぎるのです。私のクルマのブレーキとアクセルの間はおおよそ7㎝です。たとえば、これをあと4㎝離すと11㎝になります。これだけ離れていると、意識して足を動かさなければ、ブレーキを踏むことができません。そうすることによってブレーキとアクセルの踏み間違いは少なくなると思います。

このような事故が多い現実を、国土交通省や自動車メーカーはどのように考えているのでしょうか。踏み間違い事故を、個人の資質や年齢によるものとするのは間違いだと思います。一般社団法人日本自動車連盟（ＪＡＦ）発行の冊子『JAF Mate』２０２３年冬号の記事によると、ペダルの踏み間違いによる事故件数は、24歳以下の若年ドライバーによるものが最も多く、65~75歳以上の高齢ドライバーを上回っているようなのです。このことからも、踏み間違いは運転手の年齢によるものではなく、クルマの構造に問題があると考えられるのです。

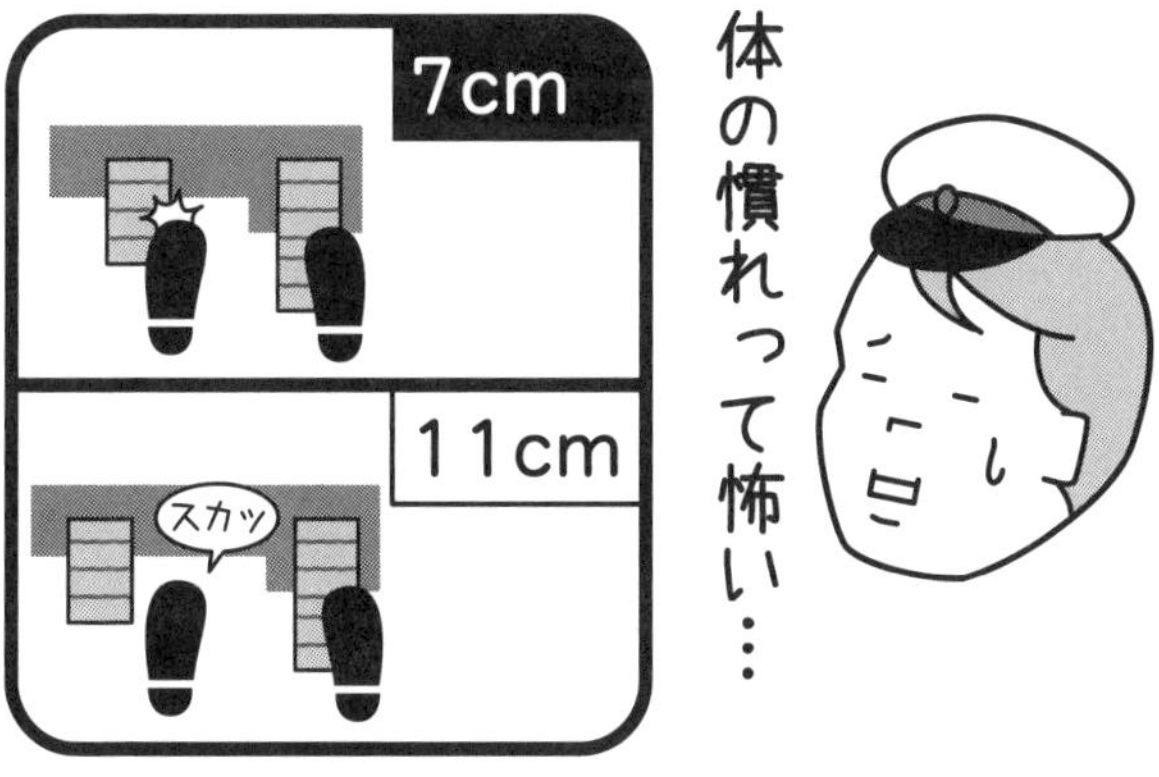

腑に落ちない事故

２０２３年１月６日午前８時頃、茨城県笠間市小原のＪＲ常磐線の踏切で、電車と軽自動車が衝突しました。県警によると、クルマには成人と未成年の２人が乗車していて、いずれも現場で死亡が確認されたとのことでした。ＪＲ東日本によると、踏切には警報機や遮断器があり当時は正常に作動していたようで、列車の運転者は踏切を通過する直前、道路から軽自動車が侵入してきたと話をしています。

これらのことから、初めは自殺の可能性があると昼のワイドショーで放送していましたが、次の放送では、亡くなった方の旦那さんが出てきて、女性は子供のものを買いにいくために親子で家を出たと話していました。この話を聞いて、この事故はブレーキとアクセルの踏み間違いが原因ではないかと感じました。

先述したとおり、その原因はクルマの構造によるものだと思います。自動車メーカーが今のような構造でクルマを販売しているかぎり、このような事故はなくなりません。

普通の人が普通に使用して事故が起きない製品を世におくりだしてほしいと願います。

コラム

タクシー運転手の独り言～腰痛について

それは私がタクシーにお客様をお乗せした時のことです。そのお客様が腰痛にさようならしたとのこと。そのお客様の話によると、スポーツトレーナーの話のようです。やる事はかんたんなことです。

毎朝寝たままで片足ずつ直角に30回位上げるだけです。それを3ヶ月も続けると自然に腰痛が改善したそうです。私もそれを聞いて実践したところ確かに改善の効果が現れました。

腰痛が治ったと思って足上げをやめるとたちまち腰が痛くなってきました。どうも腰痛の人は一生つづけないといけないようです。

おわりに

「みなさんがより安全に運転できるよう、プロドライバーとして伝えられることを本にしよう」と思ってから、悪戦苦闘しながら本書を執筆しました。文章を書くことは門外漢ですから、タクシーを運転するようにはいきませんでした。クルマの運転にたとえれば、何度もエンストしましたし、ワイパーをいくら動かしても前が見えなくなるようなゲリラ豪雨にも出くわしました。

どんなことを書けばいいのか、どう書けばいいのか悩んだときにアドバイスをくれたのは、田村明氏と鷹野実氏でした。この場でお礼を言いたいと思います。そして、この本をここまで読んでいただいた読者のみなさんにも感謝します。本を執筆するのは初めての経験で至らないところも多々あると思いますが、この本がみなさんの安全運転、幸せな人生に少しでも貢献できれば、これほど嬉しいことはありません。

2023年8月

温室村ふじ

温室村ふじ（おんしつむら・ふじ）

荏原交通入社。
平成21年、個人タクシー開業、現在に至る。

装画・本文イラスト　　YAGI

クルマの運転新常識《うんてんしんじょうしき》
ブレーキとアクセルの踏《ふ》み間違《まちが》いはなぜ起《お》こるのか

2023年8月31日　第1刷発行

著　者　　温室村ふじ
発行人　　久保田貴幸

発行元　　株式会社 幻冬舎メディアコンサルティング
〒151-0051　東京都渋谷区千駄ヶ谷4-9-7
電話　03-5411-6440（編集）

発売元　　株式会社 幻冬舎
〒151-0051　東京都渋谷区千駄ヶ谷4-9-7
電話　03-5411-6222（営業）

印刷・製本　中央精版印刷株式会社
装　丁　　堀稚菜

検印廃止

Printed in Japan
ISBN 978-4-344-94516-6 C0095
幻冬舎メディアコンサルティングＨＰ
https://www.gentosha-mc.com/